TOK TOK BOOK 톡톡!

Vol.4

TURTLES & TORTOISES

한국양서파충류협회 X 다흑

PREFACE 들어가는 말

양서파충류 톡톡북(TOK TOK BOOK) 시리즈는 작은 생명의 소중함을 알고, 새로운 세계에 대한 열린 마음이 있는 여러분을 위하여 탄생했습니다.

낯설지만 우리 곁에 함께해온 존재들, 그 친구들의 매력을 톡톡북(TOK TOK BOOK)에서 찾아보세요.

저자 일동

⋆ 쉽게 풀어쓴 용어 설명과 도서 수록 종의 이미지 출처는 QR코드로 확인하세요!

PREVIEW 미리보기

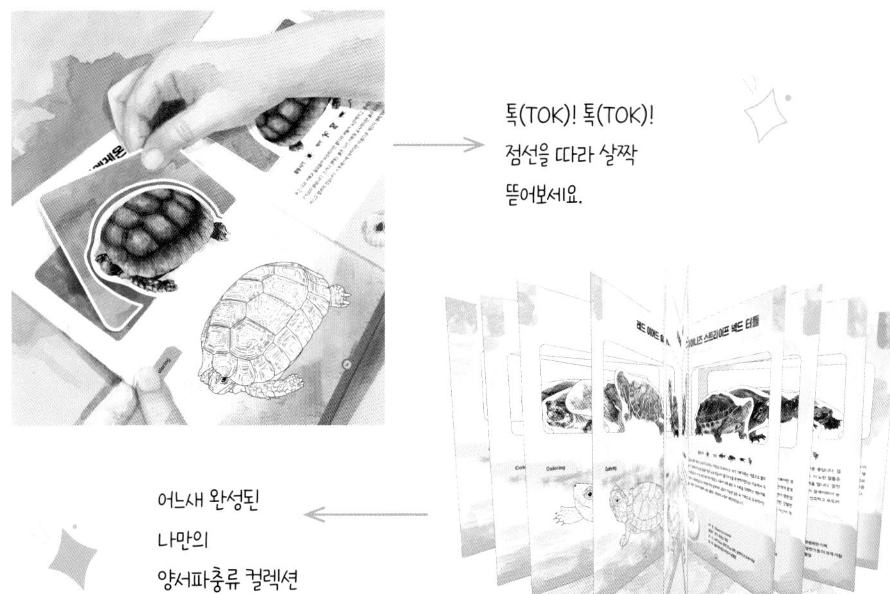

톡(TOK)! 톡(TOK)!
점선을 따라 살짝
뜯어보세요.

어느새 완성된
나만의
양서파충류 컬렉션

PREVIEW 미리보기

색칠하여 완성하는
나만의 양서파충류 친구

STRUCTURE 이 책의 구성

지상성

생태 분류

✂ 점선대로 톡톡 뜯어보세요.

활동시기 & 먹이

특성

활동시기  **먹이** 

붉은다리거북과 유전적으로 가까운 관계이기 때문에 겉모습은 아주 비슷하지만 앞다리 비늘이 노란색이고, 머리와 등딱지의 색상이 붉은다리거북보다 밝습니다. 장애물이 많은 정글에서 살아가다보니 배가 땅에 닿지 않게 다른 육지거북보다 다리가 조금 더 길게 진화하였고, 습한 곳을 잘 찾을 수 있도록 후각이 발달했습니다. 붉은다리거북과 크기나 습성이 비슷하지만 높은 온도에 좀 더 취약한 것으로 알려져 있습니다.

서식지

종별 특징

학 명 : *Chelonoidis denticulatus*
원산지 : 남미의 볼리비아와 브라질 등
크 기 : 60㎝, 최대 82㎝
생 태 : 얕은 물과 그 주변 지역, 열대우림의 낙엽과 덤불 속에서 생활

지상성

생태 분류

종명

옐로 풋 톨토이즈

Yellow-footed Tortoise

✂ 점선대로 톡톡 뜯어보세요.

Coloring

자유롭게 색칠해보세요.

ECOLOGICAL ICON 생태 아이콘

활동시기

주행성

일몰/일출

야행성

우기

식물성 먹이

나뭇잎

물풀

풀

꿀

열매

나무수액

꽃

선인장

씨앗

충식성 먹이

파리

딱정벌레

개미

귀뚜라미

거미

나비

나방

ECOLOGICAL ICON 생태 아이콘

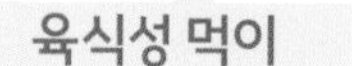

육식성 먹이

핑키	설치류	소형 포유류	대형 포유류		조류	새알

개구리	도롱뇽	도마뱀	도마뱀붙이	뱀

지렁이	민달팽이	달팽이	다슬기	조개	물고기	갑각류

인디안 스타 톨토이즈

Indian Star Tortoise

활동시기 / 먹이

보통 다른 거북들의 등딱지가 전체적으로 굴곡 없이 매끄럽고 둥그스름한 형태인 데 비해 다 자란 별거북의 등딱지는 높은 돔 형태에 마치 혹이 튀어나온 것처럼 울퉁불퉁한 것이 특징입니다. 별거북은 등갑에 이런 자연적인 피라미드를 가진 유일한 종으로 알려져 있으며, 이는 이 종의 독특한 특징이지 질병이 아닙니다. 등딱지 전체에 보이는 뚜렷한 햇살 무늬 때문에 별거북이라는 이름이 붙여졌으며, 이 무늬는 거북이 포식자의 눈을 피할 수 있도록 돕습니다.

학 명 : *Geochelone elegans*
원산지 : 인도
크 기 : 수컷 15~20㎝, 암컷 20~28㎝, 암컷이 더 크게 자람
생 태 : 건조지역과 관목지대에서 생활

인디안 스타 톨토이즈

Indian Star Tortoise

Coloring

설카타 톨토이즈

Sulcata Tortoise

활동시기 먹이

설카타육지거북은 대륙에 서식하는 거북 가운데 가장 큰 종이고, 육지거북 가운데에서는 세 번째로 크게 자라는 종입니다. '아프리카 가시 육지거북(African Spurred Tortoise)'이라고도 불리는데 앞발에 땅을 파기 위한 큰 며느리발톱이 발달되어 있어서 붙여진 이름입니다. 덥고 건조하며, 일교차가 심한 지역에 사는 설카타거북은 이 며느리발톱으로 최대 깊이 15m, 길이 30m에 이르는 매우 깊은 굴을 파고, 하루 중 가장 더운 시간을 이 굴에서 보냅니다. 왕성한 식욕을 가진 활발하고 튼튼한 거북으로 반려동물로서도 인기가 많습니다.

학 명 : *Centrochelys sulcata*
원산지 : 아프리카 동부, 중부, 남부 등
크 기 : 70㎝ 전후, 최대 83㎝, 수컷이 암컷보다 더 크게 자람
생 태 : 건조한 초원 및 평탄한 관목지대

설카타 톨토이즈

Sulcata Tortoise

Coloring

레오파드 톨토이즈

Leopard Tortoise

활동시기 ☀ **먹이**

어렸을 때는 등딱지가 검은 얼룩무늬로 덮여 있지만, 자라면서 한데 연결되어 있던 줄무늬가 작은 점과 얼룩무늬로 깨집니다. 이것이 마치 표범 무늬와 닮았다 하여 표범거북으로 불립니다. 같은 아프리카에 사는 설카타거북과는 달리 알을 낳을 때를 제외하고는 여우, 자칼 또는 땅돼지가 파놓은 버려진 굴을 은신처로 이용합니다. 초원, 가시덤불, 사바나 등 아프리카거북 가운데 가장 다양한 서식지에서 살아가면서 배설물을 통해 식물의 씨앗을 널리 퍼트리는 중요한 역할을 하고 있습니다.

학　명 : *Stigmochelys pardalis*
원산지 : 아프리카 동부, 남부
크　기 : 60㎝ 전후, 최대 72㎝
생　태 : 반건조하고, 가시가 많은 초원에서 생활

레오파드 톨토이즈

Leopard Tortoise

Coloring

레드 풋 톨토이즈

Red-footed Tortoise

활동시기 먹이

다리 비늘이 군데군데 붉은색을 띠고 있어 붉은다리육지거북으로 불립니다. 머리는 붉거나 다른 부분보다 밝은색이고, 등딱지는 전체적으로 검정색인데 비늘 각각의 중앙이 밝은 노란색을 띠고 있습니다. 자라면서 점점 등갑이 솟아오르고 길쭉해지는데 특히 다 자란 수컷은 배 부분이 깊게 패여 있고, 등딱지의 양옆이 잘록해지면서 호리병 모양이 되기 때문에 눈으로 보아도 수컷임을 금방 알아차릴 수 있습니다. 다른 육지거북과 달리 훨씬 다양한 먹이를 먹는 잡식성 거북으로, 때로는 썩은 고기나 곤충, 무척추동물을 먹기도 합니다.

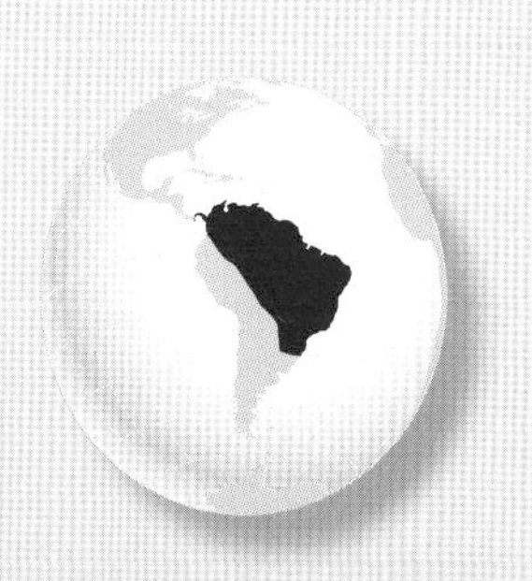

학 명 : *Chelonoidis carbonarius*
원산지 : 남미 중부에서 북부의 해안선을 따라 파나마, 볼리비아, 베네수엘라, 아르헨티나, 수리남, 브라질 등
크 기 : 35㎝ 전후, 최대 51㎝
생 태 : 열대우림, 사바나, 반건조지역에 이르기까지 다양한 곳에서 생활

레드 풋 톨토이즈

Red-footed Tortoise

Coloring

옐로 풋 톨토이즈

Yellow-footed Tortoise

활동시기 먹이

붉은다리거북과 유전적으로 가까운 관계이기 때문에 겉모습은 아주 비슷하지만 앞다리 비늘이 노란색이고, 머리와 등딱지의 색상이 붉은다리거북보다 밝습니다. 장애물이 많은 정글에서 살아가다보니 배가 땅에 닿지 않게 다른 육지거북보다 다리가 조금 더 길게 진화하였고, 습한 곳을 잘 찾을 수 있도록 후각이 발달했습니다. 붉은다리거북과 크기, 습성이 비슷하지만 높은 온도에 좀 더 취약한 것으로 알려져 있습니다.

학 명 : *Chelonoidis denticulatus*
원산지 : 남미의 볼리비아와 브라질 등
크 기 : 60㎝ 전후, 최대 82㎝
생 태 : 얕은 물과 그 주변 지역, 열대우림의 낙엽과 덤불 속에서 생활

옐로 풋 톨토이즈

Yellow-footed Tortoise

Coloring

팬케이크 톨토이즈

Pancake Tortoise

활동시기 먹이

이 종은 등갑이 볼록한 다른 육지거북과 달리 이름처럼 납작하고 평평하며 유연한 등딱지를 가지고 있습니다. 머리는 몸에 비해 큰 편이고, 등딱지는 화려한 방사 무늬가 있는 것부터 무늬가 거의 없는 것까지 아주 다양합니다. 등뼈에는 구멍이 많아 다른 거북에 비해 몸무게가 가볍고, 빠른 속도를 낼 수 있습니다. 위협을 느끼면 재빠르게 바위틈에 몸을 숨긴 뒤, 몸을 팽창시켜 바위틈에 단단히 밀착시켜 스스로 자신의 몸을 보호합니다. 이들은 좁은 서식지에 살기 때문에 많은 개체가 틈새를 같이 사용합니다.

학 명 : *Malacochersus tornieri*
원산지 : 아프리카 동부의 케냐와 탄자니아
크 기 : 14~15㎝, 최대 17.8㎝
생 태 : 건조하고 바위가 많은 산악지대, 사바나에서 생활

팬케이크 톨토이즈

Pancake Tortoise

Coloring

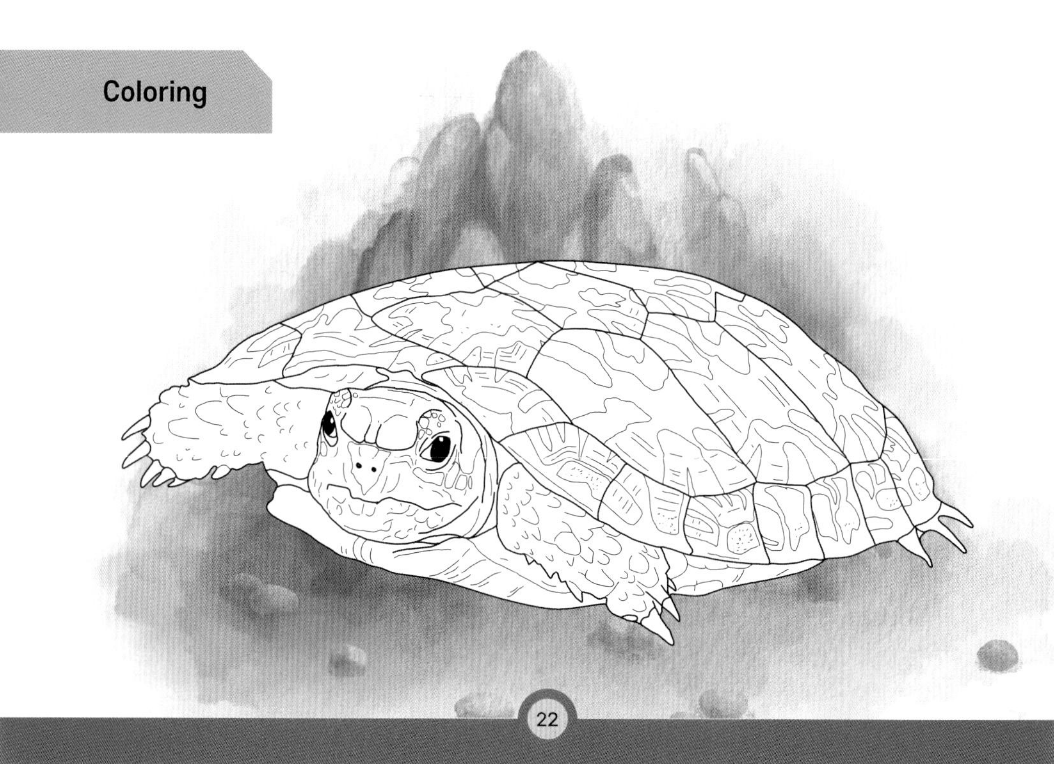

홈즈 힌지백 톨토이즈

Home's Hinge-back Tortoise

활동시기 ☾ **먹이**

경첩등거북은 등딱지에 유연한 경첩이 달려있어서 위협을 느끼면 등딱지 뒷부분을 닫아 몸을 보호할 수 있도록 진화한 거북입니다. 이들은 주로 열대우림과 습지, 늪지대에 서식하고, 습도가 높고 어두운 곳을 좋아하기 때문에 낮에는 거의 활동하지 않습니다. 낮에는 보통 축축한 바닥을 파고 들어가 쉬다가 해가 지면 활동을 시작합니다. 습도 변화에 특히 민감하여 조금만 건조해도 약해지거나 호흡기 질환에 걸리기 쉽습니다.

학　명 : *Kinixys homeana*
원산지 : 아프리카 중부 및 서부의 나이지리아, 콩고 등
크　기 : 최대 22.3㎝
생　태 : 열대우림, 늪지대에서 생활

홈즈 힌지백 톨토이즈

Home's Hinge-back Tortoise

Coloring

스파이더 톨토이즈

Spider Tortoise

활동시기 먹이

거미거북은 마다가스카르에만 서식하는 소형종 거북으로 등딱지에 거미줄 모양의 노란색 선이 아름다운 종입니다. 일출 후 짧은 시간만 활발하게 활동하고, 오후부터 다음 날 아침까지는 거의 활동을 하지 않습니다. 습도가 높은 환경을 좋아하기 때문에 비가 내리는 시기에 활발하게 활동하고, 비가 내리지 않는 시기에 고온 건조한 상태가 계속되면 땅속에서 여름잠에 들어갑니다. 심각한 멸종위기에 처한 종으로, 번식기 암컷은 단 1개의 알만 낳기 때문에 개체 수가 감소하면 빨리 회복하기가 어렵습니다.

학 명 : *Pyxis arachnoides*
원산지 : 마다가스카르섬 서부
크 기 : 수컷 11㎝ 전후, 암컷 12㎝ 전후, 최대 15㎝
생 태 : 마다가스카르 남서부 해안을 따라 있는 좁은 숲에서 생활

스파이더 톨토이즈

Spider Tortoise

Coloring

레디에이티드 톨토이즈

Radiated Tortoise

활동시기 먹이

방사거북은 헬멧처럼 높이 솟은 돔 형태의 검은색 등갑과 대비되는 뚜렷하고 가는 노란색의 방사형 무늬가 특징입니다. 머리 꼭대기의 검은색 무늬를 제외하고는 다리, 발, 머리는 노란색입니다. 어릴 때는 겉모습이 별거북과 비슷하지만 방사거북의 햇살 무늬가 좀 더 촘촘하고, 성장하면 등딱지의 높이가 훨씬 높아집니다. 수명이 매우 긴 종으로, 최대 수명은 188년으로 기록되어 있습니다. 현재 심각한 멸종위기에 처한 종이기도 합니다.

학 명 : *Astrochelys radiata*
원산지 : 마다가스카르섬 남부 및 남서부
크 기 : 26~38㎝, 최대 40㎝
생 태 : 건조한 산림지역에서 생활

레디에이티드 톨토이즈

Radiated Tortoise

Coloring

앵귤레이티드 톨토이즈

Angulate Tortoise

활동시기 ☀ 먹이

'각이 진 육지거북'이라는 이름은 등갑의 테두리 부분에서 보이는 각진 삼각형의 무늬에서 유래되었습니다. '보우스피릿 거북(Bowsprit Tortoise)'이라고 불리기도 하는데 이는 수컷의 배딱지 앞부분의 돌출된 부분이 마치 범선의 뱃머리에서 앞으로 뻗어 있는 긴 장대처럼 보이기 때문입니다. 이 부분은 수컷들이 암컷과 영토를 지키기 위해 상대방을 찌르고 뒤집어 자신의 힘을 과시하는 데 이용됩니다. 색깔은 보통 밝은 갈색과 어두운 검정색이지만 화려한 붉은색, 노란색을 띠기도 합니다. 그러나 나이가 들면 보통 갈색으로 바뀝니다.

학　명 : *Chersina angulata*

원산지 : 남아프리카

크　기 : 수컷 최대 27㎝, 암컷 최대 21.5㎝

생　태 : 반사막 지역부터 강우량이 많은 지역에 이르는 다양한 기후대에서 생활

앵귤레이티드 톨토이즈

Angulate Tortoise

Coloring

헤르만 톨토이즈

Hermann's Tortoise

활동시기  먹이

지중해 연안에 흩어져 사는 거북들을 대표하는 육지거북으로 '동헤르만거북'과 '서헤르만거북' 두 아종으로 나뉩니다. 주황색을 띠는 등딱지에 검정색의 얼룩무늬를 가지고 있습니다. 작은 크기, 친화적이고 온순한 성격, 튼튼한 체질 때문에 전 세계적으로 반려동물로 인기가 많지만, 원서식지에서는 서식지 파괴 등으로 멸종위기를 맞고 있습니다. 이솝 우화의 '토끼와 거북이' 편에 나오는 거북이가 이 종이라고 알려져 있습니다.

학　명 : *Testudo hermanni*
원산지 : 유럽 남부, 남동부의 지중해 연안, 스페인에서 이집트 서부
크　기 : 20㎝ 전후, 최대 35㎝
생　태 : 지중해의 바위 언덕, 참나무 및 너도밤나무 숲에서 생활

헤르만 톨토이즈

Hermann's Tortoise

Coloring

마지네이티드 톨토이즈

Marginated Tortoise

활동시기 먹이

지중해에 사는 육지거북 가운데 가장 크게 자라는 종이며, 유럽에서 가장 덩치가 큰 육지거북입니다. 다 자라면 등딱지 뒷부분이 마치 치마처럼 넓게 펼쳐지기 때문에 다른 지중해거북 사이에서도 쉽게 구분할 수 있습니다. 자라면서 몸 색깔도 변하는데 다 자란 성체의 경우 전체적으로 검은색을 띠는 경우가 많습니다. 짙은 몸 색깔은 짧은 시간 안에 많은 양의 열을 흡수하고 체온을 유지하는 데 도움이 됩니다. 따뜻한 기후를 좋아하고 밤낮의 온도 차에 예민한 종으로 기온이 떨어지면 활동성이 급격하게 떨어집니다.

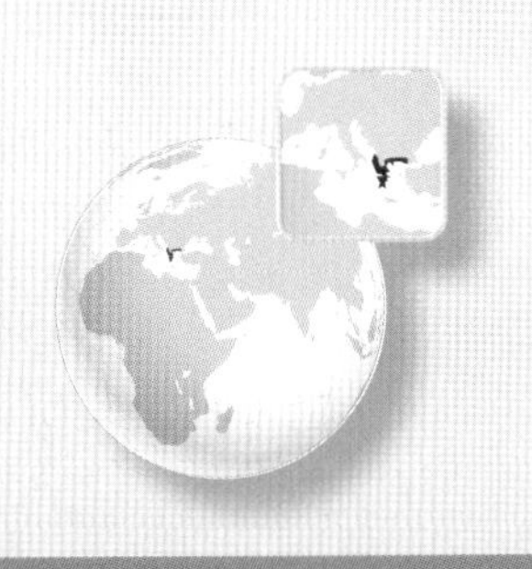

학 명 : *Testudo marginata*

원산지 : 그리스 남부, 펠로폰네소스부터 올림푸스산, 발칸 반도와 이탈리아의 고립된 지역, 사르데냐 북동부

크 기 : 35㎝ 전후, 최대 39㎝

생 태 : 산악지대, 빽빽한 가시덤불에서 생활

마지네이티드 톨토이즈

Marginated Tortoise

Coloring

이집션 톨토이즈

Egyptian Tortoise

활동시기 먹이

북반구에서 가장 작은 육지거북입니다. 자연 상태에서는 '와디(Wadi)'라고 불리는 비가 올 때만 생기는 강에서 주로 서식하며, 건기에는 여름잠에 들어가기도 합니다. 이집트에서는 거의 멸종되었고, 리비아에 아주 적은 숫자가 남아 있습니다. 하지만 이마저도 빠른 속도로 개체 수가 줄어들고 있어 현재 심각한 멸종위기종으로 분류된 희귀한 거북입니다.

학　명 : *Testudo kleinmanni*

원산지 : 이집트, 리비아, 이스라엘, 팔레스타인

크　기 : 12~14㎝, 최대 14.4㎝

생　태 : 건조한 삼림지역, 관목지대 및 해안 염습지, 반건조지역에서 생활

이집션 톨토이즈

Egyptian Tortoise

Coloring

그리크 톨토이즈

Greek Tortoise

다양한 색상의 점과 얼룩으로 이루어진 등딱지 문양이 마치 그리스 모자이크처럼 생겼기 때문에 그리스거북이라고 불립니다. 지중해 인근의 매우 넓은 지역에 서식하고 있는데 지역에 따라 색상이나 무늬의 차이가 큽니다. '헤르만거북'과 매우 비슷하게 생겼지만 뒷다리 쪽에 있는 가시 형태의 큰 비늘로 서로를 구별할 수 있습니다. 이 비늘 때문에 '지중해 박차거북(Mediterranean spur-thigh Tortoise)'이라고 불리기도 합니다. 매우 오래 사는 거북으로 수명이 125년 이상이며, 최대 200살까지 살 수 있다고 알려져 있습니다.

학　명 : *Testudo graeca*
원산지 : 유럽 남부, 아프리카 북부, 아시아 남서부 등
크　기 : 16~38㎝
생　태 : 반건조 관목지대, 초원지역, 해안 사구, 바위, 덤불이 많은 언덕, 소나무 숲에서 생활

그리크 톨토이즈

Greek Tortoise

Coloring

호스필드 톨토이즈

Horsfield's Tortoise

활동시기  먹이  

지중해거북 5종(이집트거북, 헤르만거북, 마지네이트거북, 그리스거북, 호스필드거북) 가운데 가장 동쪽의 건조하고 척박한 지역에 서식하는 종으로 '러시아거북'이라고도 불립니다. 생명력도 강하고 환경 변화에 잘 적응하는 튼튼한 종입니다. 대부분 황갈색이지만 검정색에 가까운 개체까지 몸 색깔은 다양하며 비늘의 끝부분에는 검정색 무늬가 있습니다. 입은 새 부리처럼 갈고리 모양인데 수컷의 부리가 더 크게 자랍니다. 등갑이 편평하고 발가락이 4개인 것이 특징으로, 작은 덩치지만 은신처를 만들기 위해 2m까지 굴을 팔 수 있습니다.

학 명 : *Testudo horsfieldii*
원산지 : 카스피해 남쪽에서 이란, 파키스탄, 아프가니스탄을 거쳐 동쪽으로 카자흐스탄에서 중국 신장까지
크 기 : 수컷 13~20㎝, 암컷 15~25㎝, 최대 28㎝
생 태 : 사막, 관목지대, 목초지대 등 건조하고 메마른 곳에서 생활

호스필드 톨토이즈

Horsfield's Tortoise

Coloring

엘롱게이티드 톨토이즈

Elongated Tortoise

활동시기 **먹이**

자라면서 등갑이 앞뒤로 길쭉한(Elongate) 형태로 변하기 때문에 이러한 이름이 유래되었습니다. 검은색 얼굴도 있지만 전체적으로 노란색이기 때문에 아시아에서는 '노란거북(Yellow Tortoise)'이라고 불리기도 하고, 성숙한 수컷은 얼굴 앞쪽의 피부색이 약간 붉게 변하는 특징이 있어서 '붉은코 땅거북'이라고 불리기도 합니다. 황갈색의 등딱지 가운데는 불규칙한 점이나 얼룩무늬가 있습니다. 어릴 때는 등딱지가 다른 거북들처럼 둥그스름하지만 성장하면 등딱지 윗부분이 편평하게 변하는 특징이 있습니다.

학　명 : *Indotestudo elongata*
원산지 : 아시아 동남부, 인도 동부
크　기 : 30㎝ 전후, 최대 36㎝
생　태 : 열대우림, 초원지역에서 생활

엘롱게이티드 톨토이즈

Elongated Tortoise

Coloring

고퍼 톨토이즈

Gopher Tortoise

넓적한 앞다리로 땅을 잘 파기 때문에 '굴 파는 거북'이라고 불립니다. 지하 3m, 최대 15m 깊이의 굴을 파기도 하는데, 서늘하고 일 년 내내 일정한 온도와 습도를 유지하는 굴은 다른 동물들에게 한낮의 무더위를 피할 수 있는 귀중한 쉼터가 되거나 좋은 동면 공간이 됩니다. 은신처가 되어 주는 것 외에도 산불이 났을 때는 피난처 역할까지 하고, 굴을 파는 과정에서 노출되는 여러 광물질들은 식물의 성장에도 큰 도움을 주기 때문에 거북과 그 서식지를 보호하는 것은 사람과 자연 모두에게 유익한 일입니다.

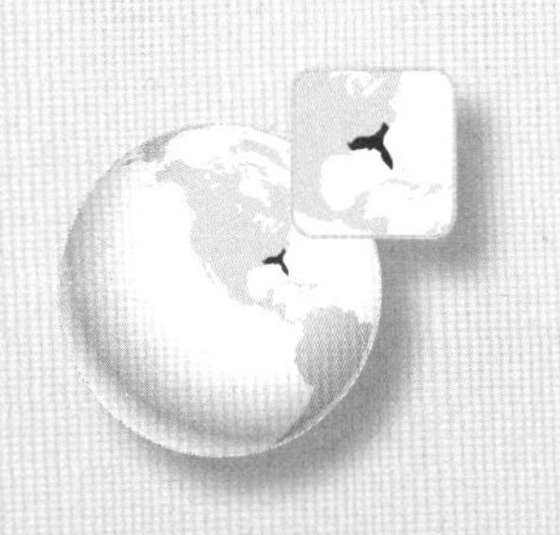

학 명 : *Gopherus polyphemus*
원산지 : 사우스캐롤라이나 남부에서 조지아 남부 절반을 거쳐 플로리다까지, 서쪽으로는 앨라배마 남부, 미시시피, 루이지애나
크 기 : 23~30㎝, 최대 38㎝
생 태 : 모래사막, 건조한 관목지대에서 생활

고퍼 톨토이즈

Gopher Tortoise

Coloring

알다브라 톨토이즈

Aldabra Tortoise

활동시기 먹이

알다브라(Aldabra)는 인도양 알다브라 제도의 산호초섬으로 유네스코 세계자연유산으로 지정되어 있습니다. 여기에는 '갈라파고스코끼리거북'에 이어 두 번째로 크게 자라는 육지거북인 '알다브라코끼리거북'이 약 15만 마리 정도 서식하고 있습니다. 이들은 갈색의 높은 돔 형태의 등딱지를 가지고 근육질의 덩치로 자라는 초대형 종으로 물웅덩이를 좋아하고 진흙 목욕을 즐깁니다. 많은 양의 풀을 먹으며 우림 속에 길을 만들며 다니는데 이런 행동은 마치 코끼리가 하는 역할처럼 다른 작은 동물들이 살아가는 데 많은 도움을 주고 있습니다.

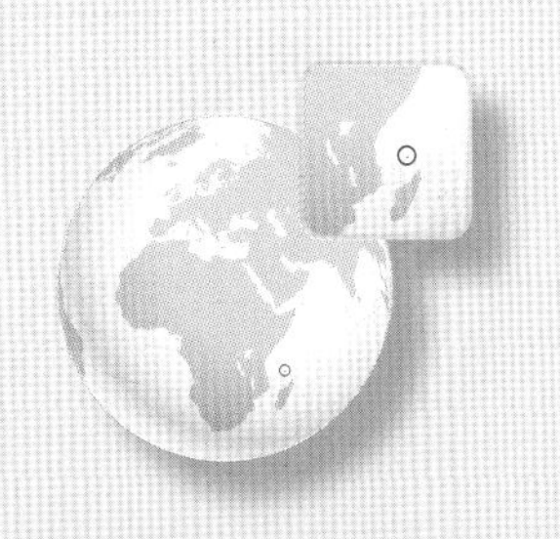

학 명 : *Aldabrachelys gigantea*
원산지 : 세이셸 알다브라섬
크 기 : 120㎝ 전후, 최대 123㎝
생 태 : 관목지대, 맹그로브 습지, 해안 모래 언덕 등에서 생활

알다브라 톨토이즈

Aldabra Tortoise

Coloring

갈라파고스 톨토이즈

Galapagos Tortoise

약 500만 년 전 화산폭발로 생긴 19개의 섬으로 이루어진 갈라파고스 군도에는 각종 희귀한 생명체들이 서식하고 있습니다. 이 신비로운 장소를 대표하는 동물인 갈라파고스거북은 세상에서 가장 큰 육지거북이자, 육지에 사는 가장 큰 변온 동물입니다. 이들의 등딱지 모양은 안장 형태와 둥근 돔 형태 두 가지로 나뉘는데, 더 척박한 지역에 사는 안장형의 등딱지를 가진 종은 돔 형태의 등딱지를 가진 종보다 머리를 더 높이 들 수 있어 높은 곳에 달린 나뭇잎을 쉽게 뜯어 먹을 수 있도록 진화하였습니다.

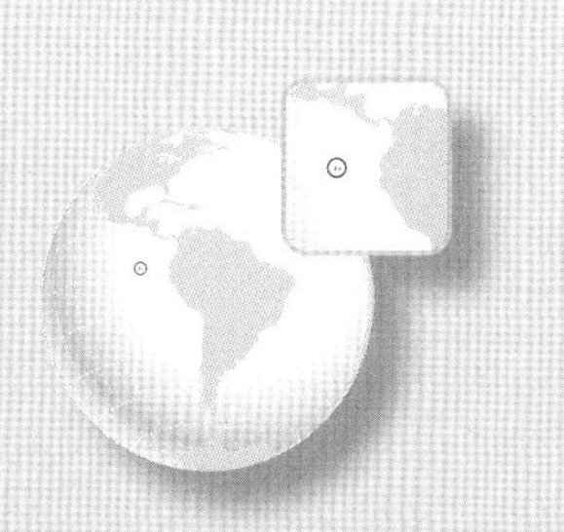

학　명 : *Chelonoidis niger*
원산지 : 에콰도르령 갈라파고스 군도
크　기 : 130㎝ 전후, 최대 135㎝
생　태 : 반건조지역에서 생활

갈라파고스 톨토이즈

Galapagos Tortoise

Coloring

블랙 브레스티드 리프 터틀

Black-breasted Leaf Turtle

활동시기 먹이

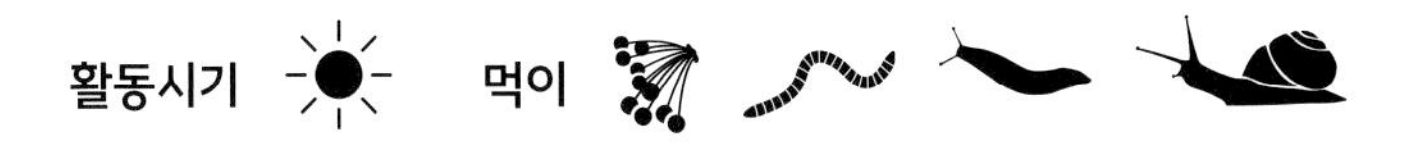

나뭇잎과 비슷한 스팽글리 거북의 형태와 색깔은 낙엽이 깔린 숲의 바닥에서 효과적으로 자신을 보호합니다. 이 종의 가장 눈에 띄는 특징은 크고 튀어나온 눈과 흰색 눈동자입니다. 눈은 머리에 비해 상당히 커서 어두운 숲 바닥에서도 사물을 잘 볼 수 있습니다. 이들은 마치 카멜레온처럼 왼쪽과 오른쪽 눈으로 각기 다른 목표물을 추적할 수 있는 능력이 있는 것으로 알려져 있습니다. 또한 거북 중 유일하게 사회성을 가진 종으로, 자연 상태에서도 6~10마리씩 무리 지어 다니는 모습이 관찰됩니다.

학　명 : *Geoemyda spengleri*
원산지 : 중국 남동부, 베트남 북부 및 라오스
크　기 : 10㎝ 전후, 가장 크기가 작은 거북 종 가운데 하나
생　태 : 높은 고도, 경사진 지형, 하천과 가까운 지역에서 생활

블랙 브레스티드 리프 터틀

Black-breasted Leaf Turtle

Coloring

오네이트 우드 터틀

Ornate Wood Turtle

활동시기 ☀ **먹이**

우드 터틀(Wood Turtle)이라 불리는 거북류는 주로 숲의 바닥이나 습지대에 사는 거북들을 가리킵니다. 어릴 때는 물속에 있는 시간이 많지만 자라면서 수영을 하기 보다는 땅에서 보내는 시간이 많아지고, 축축한 흙을 파고드는 습성이 있습니다. 화려한 나무거북(Ornate Wood Turtle)은 등껍질의 높이가 낮고, 등딱지의 각 비늘마다 있는 붉은색 또는 주황색의 마블링 무늬가 매우 아름다운 종입니다. 이런 특징 때문에 '페인티드 우드 터틀(Painted Wood Turtle)'이라고도 불립니다.

학 명 : *Rhinoclemmys pulcherrima*
원산지 : 멕시코 소노라 남쪽, 중미 코스타리카
크 기 : 16~20㎝, 최대 21㎝
생 태 : 육상 생활의 비중이 높으며, 습한 환경에서 생활

오네이트 우드 터틀

Ornate Wood Turtle

Coloring

사우스 아시안 박스 터틀

South Asian Box Turtle

활동시기 먹이

보통 '암보이나 상자거북(Amboina Box Turtle)'이라는 이름으로 불립니다. 검고 광택이 있는 높은 등딱지와 원형에 가까운 체형, 몸에 비해 작은 머리를 가지고 있습니다. 머리 윗부분은 검은색이지만 옆은 밝은 노란색과 검은 줄무늬가 있습니다. 습지에 사는 거북으로 수영도 능숙하며, 육지와 물을 오가며 살지만 물보다는 육지에서 더 많은 시간을 보내는 경향이 있습니다. 물살이 빠른 것보다는 잔잔하거나 느리게 흐르는 물을 더 좋아합니다. 상자거북류는 배딱지 부분에 경첩이 있어 배딱지가 등딱지와 닿아 몸을 완전히 숨길 수 있습니다.

학 명 : *Cuora amboinensis*
원산지 : 인도 북동부에서 방글라데시, 미얀마, 태국, 라오스, 캄보디아, 베트남 및 말레이시아를 거쳐 아시아 본토까지
크 기 : 18~20㎝, 최대 21㎝
생 태 : 연못, 개울, 습지, 논, 배수로를 포함하여 바닥이 부드럽고 잔잔하거나 느리게 움직이는 물을 선호

사우스 아시안 박스 터틀

South Asian Box Turtle

Coloring

옐로 마진드 박스 터틀

Yellow-margined Box Turtle

노랑 테두리 상자거북은 흔히 '중국 상자거북'이라고 불립니다. '아시아 상자거북' 가운데 가장 북쪽까지 서식하는 종으로 밝은 노란색의 머리와 눈 뒤쪽에 나 있는 길고 노란 선, 그리고 짙은 색 등줄기 중앙을 가로지르는 밝은 노란색 선이 특징입니다. 어릴 때는 선명하던 이 노란색 선은 성장하면서 점차 옅어지나 완전히 사라지지는 않습니다. 팔다리는 등딱지 윗부분과 같은 짙은 갈색입니다. 몸의 아랫부분도 윗부분과 같은 짙은 갈색이고, 배 부분이 둘로 분리되어 경첩처럼 배 쪽 근육에 의해 복갑을 여닫을 수 있어 몸을 더 확실히 보호할 수 있습니다.

학 명 : *Cuora flavomarginata*
원산지 : 중국 중부, 대만, 일본
크 기 : 15~17㎝, 최대 19㎝
생 태 : 습지에서 생활, 땅에서의 생활을 더 좋아함

옐로 마진드 박스 터틀

Yellow-margined Box Turtle

Coloring

킬드 박스 터틀

Keeled Box Turtle

활동시기 먹이

용골 상자거북은 몸에 비해 머리가 크고, 등딱지 위에 높게 솟은 세 줄의 튀어나온 용골(Keel)을 가지고 있으며 등딱지의 뒷부분이 톱니 형태로 발달하여 굉장히 다부진 느낌을 주는 거북입니다. 배에는 경첩이 있지만 다른 상자거북들과 달리 경첩을 완전히 닫을 수는 없습니다. 이 종의 암수는 눈과 손톱의 색깔로 구분할 수 있습니다. 수컷은 검은색이나 갈색의 눈동자에 길고 두꺼운 손톱을 가지고 있습니다. 암컷의 눈동자 색깔은 주황색이나 붉은색이고, 손톱은 수컷에 비해 더 짧고 얇습니다.

학 명 : *Cuora mouhotii*
원산지 : 중국, 베트남, 인도
크 기 : 16~18㎝, 최대 20㎝
생 태 : 산림지역에서 생활, 작은 동굴이나 바위 틈새에서 자주 발견

킬드 박스 터틀

Keeled Box Turtle

플라워 백 박스 터틀

Flower-back Box Turtle

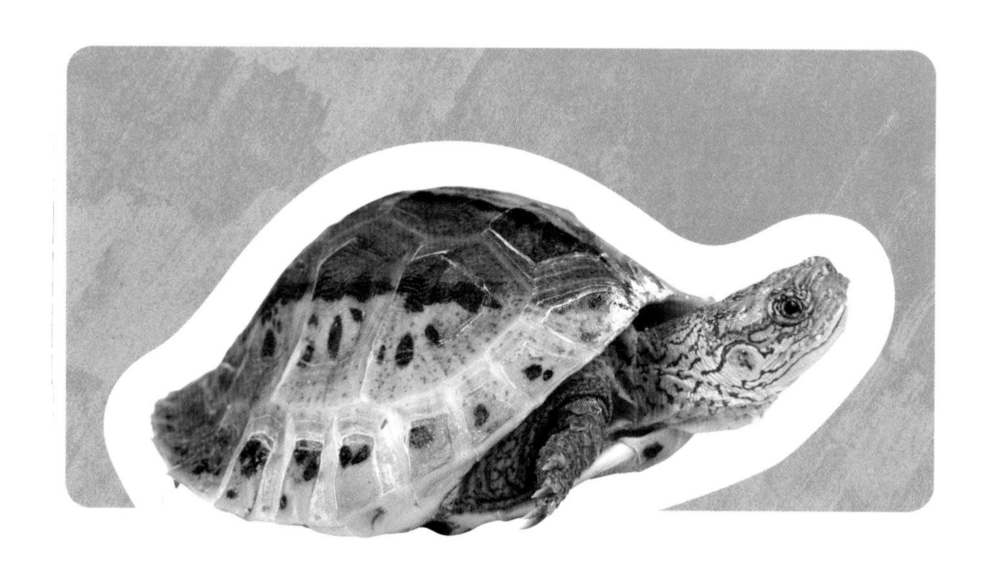

'인도차이나 상자거북(Indochinese Box Turtle)'이라는 이름이 있지만 '꽃등 상자거북'이라는 이름으로 많이 불립니다. 보통 상자거북들이 다른 무늬가 없는 데 비해 꽃등(Flower-back)이라는 이름에 걸맞게 등딱지에 화려한 무늬를 가지고 있습니다. 먹이로는 달팽이, 지렁이와 같은 무척추동물을 좋아하고, 수영을 잘 못해서 물에는 들어가지 않는 편이지만, 뜨거운 여름날에는 얕은 물에서 더위를 피하는 모습도 가끔 관찰됩니다.

학 명 : *Cuora galbinifrons*
원산지 : 베트남 북부에서 라오스, 캄보디아 북동부에서 중국 남부
크 기 : 16~17㎝, 최대 20㎝
생 태 : 열대 및 아열대 고지대, 습한 관목지대에서 생활

플라워 백 박스 터틀

Flower-back Box Turtle

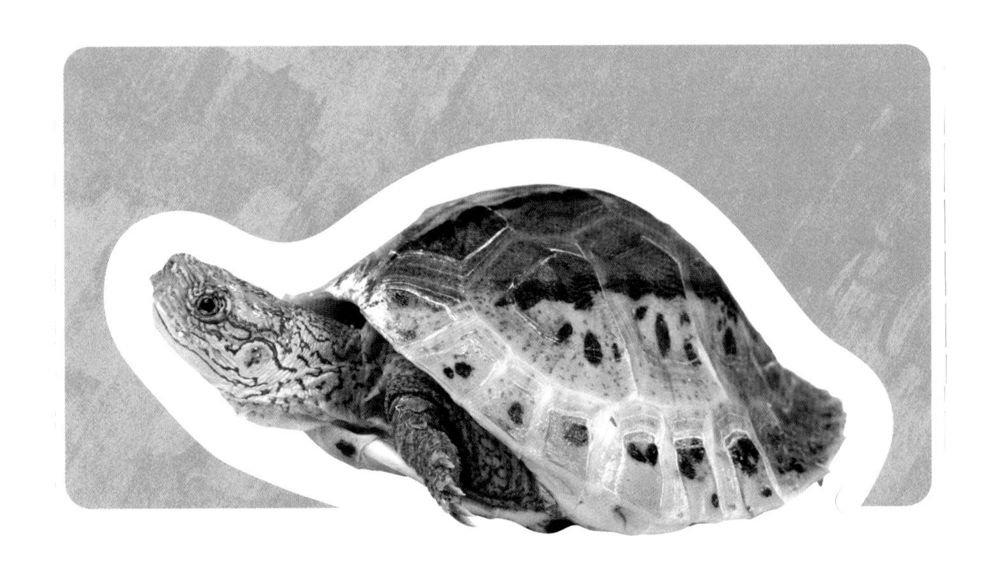

Coloring

이스턴 박스 터틀

Eastern Box Turtle

높은 돔 형태의 둥글고 단단한 등딱지를 가진 동부 상자거북은 호기심이 많고 활동적인 거북입니다. 수영에는 서툴러서 야생에서는 낙엽수나 침엽수가 있는 축축한 곳에서 주로 생활하다가 너무 더워지면 땅을 파고드는 습성이 있습니다. 어릴 때는 곤충, 양서류, 물고기와 같은 먹이가 많고 사냥이 쉬운 물가에서 더 많은 시간을 보내다가, 5~6년 후에는 육지로 이동하여 생활하고 초식성 먹이의 비중이 점차 높아집니다. 다 자란 수컷은 아름다운 등갑의 무늬와 붉은 눈을 가지게 되면서 수수한 등딱지를 가진 암컷과 차이를 보이게 됩니다.

학 명 : *Terrapene carolina carolina*
원산지 : 미국 남동부
크 기 : 10~20㎝, 최대 21㎝
생 태 : 관목지대, 초원, 산림지역, 하천, 연못에서 생활

이스턴 박스 터틀

Eastern Box Turtle

Coloring

플로리다 박스 터틀

Florida Box Turtle

플로리다 상자거북은 미국에 서식하는 6종의 상자거북들 가운데 가장 아래쪽 더운 지역에 서식하는 종입니다. 32℃ 이상으로 날씨가 더워지면 다리와 머리에 침을 바르거나 뒷다리에 소변을 보는 행동을 하는데, 이 침이나 소변이 증발하면서 조금이나마 체온을 내릴 수 있습니다. 주로 따뜻하고 습한 달(4월~10월)에 더 활발하게 활동하다가 건조하고 서늘한 시기(11월~2월)에는 휴면기에 들어가 활동량이 줄어듭니다. 상자거북은 오래 산다고 알려진 거북 중에서도 특히 더 수명이 긴 종으로 알려져 있습니다.

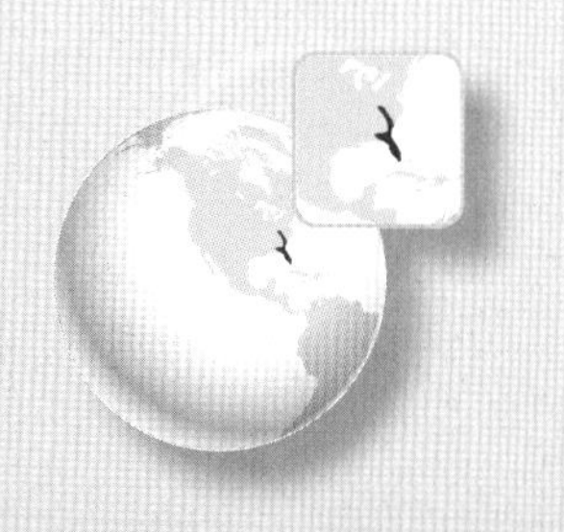

학　명 : *Terrapene carolina bauri*
원산지 : 미국 플로리다, 조지아 남동부
크　기 : 12~18㎝
생　태 : 습지, 늪지 근처 등 습한 환경에서 생활. 일반적으로 수영이 필요할 정도의 깊은 물에는 들어가지 않음

플로리다 박스 터틀

Florida Box Turtle

Coloring

커먼 스냅핑 터틀

Common Snapping Turtle

활동시기 먹이

커다란 머리에 기다란 목, 짙은 갈색이나 검은색 등딱지를 가지고 있는 종입니다. 매끈한 등갑을 가진 다른 거북과 달리 어릴 때는 거친 주름이 있는 등딱지에 세 줄의 튀어나온 용골(Keel)이 있는데, 어릴 때 선명하던 용골은 성장하면서 점점 완만해지고 등딱지도 매끄러워집니다. 햇볕을 쬐는 모습을 거의 볼 수 없어 주로 물속에서만 생활하는 것으로 알려졌지만, 새로운 서식지를 찾거나 알을 낳기 위해 땅 위를 걸어 먼 거리를 이동하기도 합니다. 물속에서는 상당히 소심하고 온순하지만 물 밖에서는 굉장히 공격적으로 바뀝니다.

학　명 : *Chelydra serpentina*
원산지 : 캐나다, 미국 전역
크　기 : 35~45㎝, 최대 50㎝
생　태 : 거의 물속에서 생활하며, 가끔 육지로 올라옴

커먼 스냅핑 터틀

Common Snapping Turtle

Coloring

엘리게이터 스냅핑 터틀

Alligator Snapping Turtle

활동시기 **먹이**

'살아있는 화석'이라 불리는 악어거북은 북아메리카에서 가장 큰 거북일 뿐만 아니라 민물에서 사는 거북들 가운데 가장 크게 자라는 거북입니다. 등딱지에 솟은 세 줄의 용골(Keel)이 있고 갑판 하나하나의 끝부분이 날카롭게 솟아올라 마치 악어의 등처럼 보여 악어거북이라고 불립니다. 이 종은 루어링(Luring)이라는 독특한 행동으로 먹이를 사냥하는 습성이 있습니다. 물속에서 입을 크게 벌리고, 혈류량을 늘려 붉게 만든 지렁이와 같은 혀를 루어(Lure, 인조미끼)낚시를 하듯이 살짝살짝 움직이며 물고기를 유인합니다.

학 명 : *Macrochelys temminckii*
원산지 : 미국 남동부
크 기 : 50~70㎝, 최대 80㎝
생 태 : 산란을 위해서가 아니라면 거의 물 밖으로 나오지 않으며, 주로 발이 닿는 높이의 물 밑을 걸어 다님

엘리게이터 스냅핑 터틀

Alligator Snapping Turtle

Coloring

마타마타 터틀

Matamata Turtle

활동시기 ☀ **먹이**

납작하고 용골이 발달한 등딱지에 삼각형의 납작한 돌기를 가진 커다란 머리와 두껍고 긴 목, 대롱 형태의 코까지 굉장히 눈에 띄는 외모의 거북입니다. 머리와 목 옆에는 튀어나온 피부 구조물이 있고, 아래턱에는 더듬이 같은 두 개의 돌기가 나 있습니다. 이 피부 돌기들은 자신의 몸을 위장하는 데 도움이 됨과 동시에 먹잇감인 물고기의 움직임을 파악하고 유인하는 데 효과적입니다. 커다란 머리를 먹잇감 가까이 길게 뺀 다음 갑자기 목을 확장해 입안을 진공 상태로 만들면서 순식간에 먹잇감을 빨아들입니다.

학　명 : *Chelus fimbriata*
원산지 : 남미 북부의 아마존 전역
크　기 : 40~45㎝, 최대 47㎝
생　태 : 하천, 늪, 습지, 느리게 움직이는 얕은 수역의 부드러운 진흙 바닥에서 생활

마타마타 터틀

Matamata Turtle

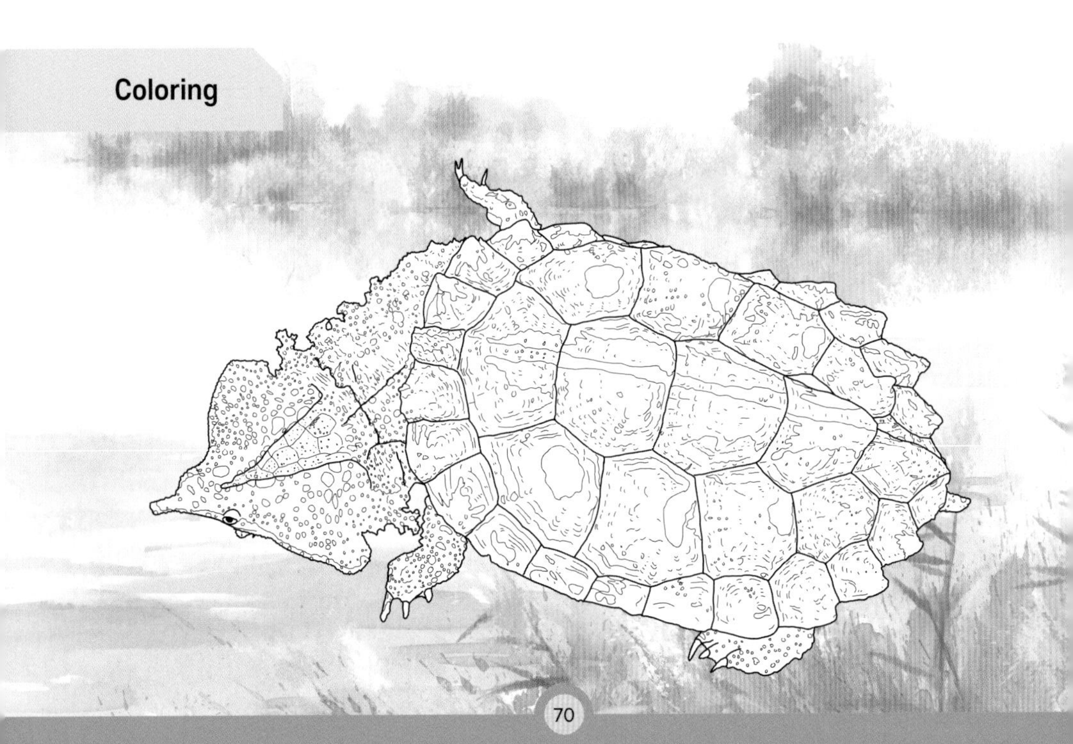

스네이크 넥드 터틀

Snake-necked Turtle

활동시기 먹이

마치 뱀과 거북을 합쳐놓은 것 같은 독특한 모습을 한 뱀목거북은 목을 등갑 안으로 집어넣지 못하고 옆으로 구부려 보호하는 거북 중에서도 특히 목이 긴 종입니다. 물거북 가운데서도 활동성이 뛰어난데 물갈퀴가 다른 거북들에 비해 상당히 커서 수영에 능숙하며, 발의 앞쪽은 갈고리로 되어 있어 바위를 잡고 이동하는 속도도 매우 빠릅니다. 목을 굽혔다가 빠르게 펴는 동작으로 곤충, 물고기, 가재 등을 잡아먹는데 사냥 성공률도 거북들 가운데 가장 높은 편에 속합니다. 또한 다른 거북과는 달리 우기가 끝날 무렵 얕은 물 속의 부드러운 퇴적물에 알을 낳는 특징이 있습니다.

학 명 : *Chelodina siebenrocki*
원산지 : 호주 북부와 뉴기니섬 남부
크 기 : 25~30㎝, 최대 40㎝
생 태 : 유속이 느린 강, 개울, 늪에서 생활

스네이크 넥드 터틀

Snake-necked Turtle

Coloring

아프리칸 헬멧티드 터틀

African Helmeted Turtle

크고 동그란 눈과 마치 미소를 짓는 것 같은 고정된 입을 가지고 있는 귀여운 인상의 거북입니다. 물살이 없는 고인 물에서 사는 것을 좋아하지만 장마철에는 사는 곳을 떠나 먼 여행을 하기도 하고, 반대로 비가 내리지 않으면 몇 달, 심지어 더 오랫동안 땅에 묻혀 지내기도 합니다. 다 자란 거북은 여러 마리가 함께 물을 마시러 오는 비둘기를 집단 사냥하기도 하고 멧돼지나 물소, 코뿔소 같은 대형 동물들과는 피부에 붙은 진드기와 흡혈 파리 같은 기생충을 제거하는 역할을 하는 공생관계로 알려져 있습니다.

학 명 : *Pelomedusa subrufa*
원산지 : 아프리카 전역, 남부 예멘과 마다가스카르섬
크 기 : 20㎝ 전후, 최대 32㎝
생 태 : 거의 물속에서 생활. 가끔 육지에서 일광욕을 함

아프리칸 헬멧티드 터틀

African Helmeted Turtle

Coloring

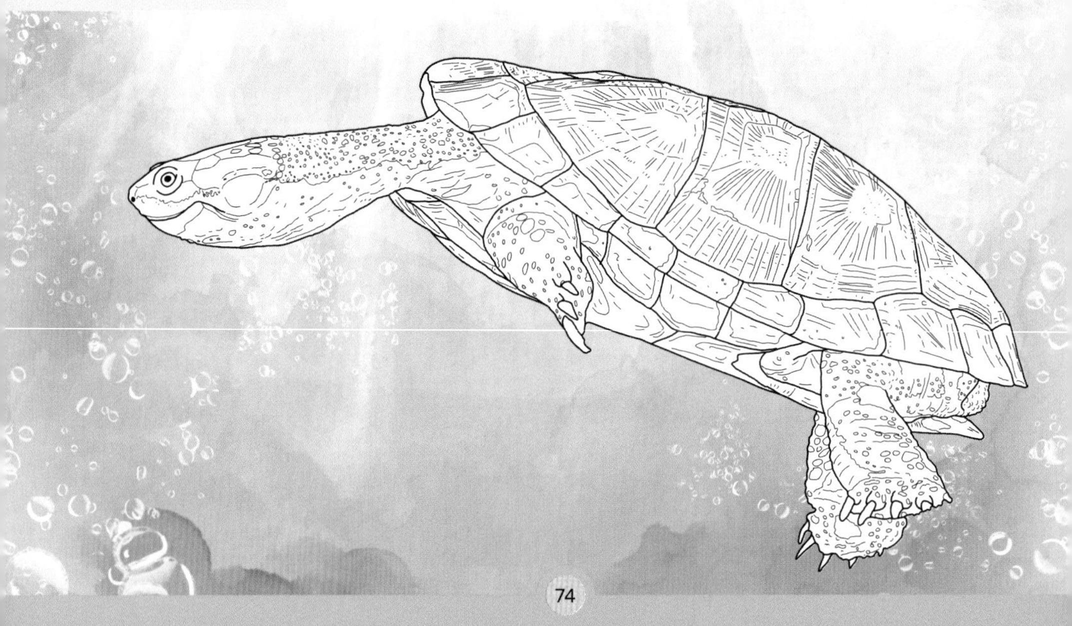

트위스트 넥드 터틀

Twist-necked Turtle

적을 피해 바위나 나무 둥치 아래로 숨는 데 도움이 되는 매우 평평한 등딱지를 가지고 있는 거북입니다. 보통의 거북이 등딱지의 가운데가 튀어나오는 것과는 달리 이 종은 등딱지의 가운데 부분이 안쪽으로 오목하게 들어가 있어 다른 거북과 쉽게 구분이 가능합니다. 평평한 머리 부분은 붉은색이나 오렌지색을 띠고 있고, 배딱지의 테두리는 밝은 갈색, 중앙은 원형으로 짙은 검은색입니다. 납작한 머리 모양 때문에 '납작 머리 거북(Flat-headed Turtle)'이라고 불리기도 합니다.

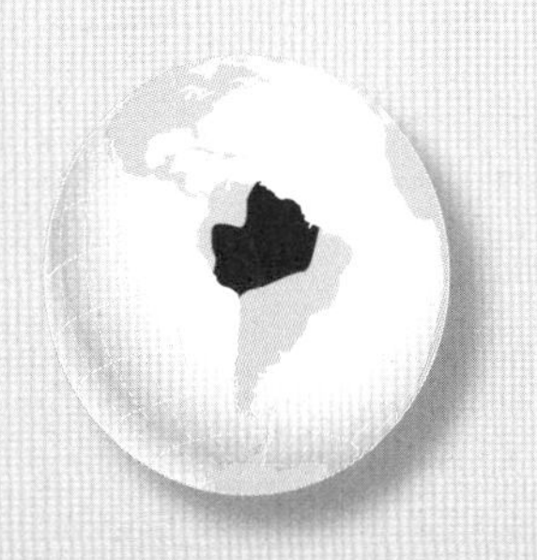

학　명 : *Platemys platycephala*
원산지 : 남미 북부와 중부 지역
크　기 : 14~16㎝, 최대 18㎝
생　태 : 얕은 개울 바닥, 아마존 열대우림 바닥에서 생활

트위스트 넥드 터틀

Twist-necked Turtle

Coloring

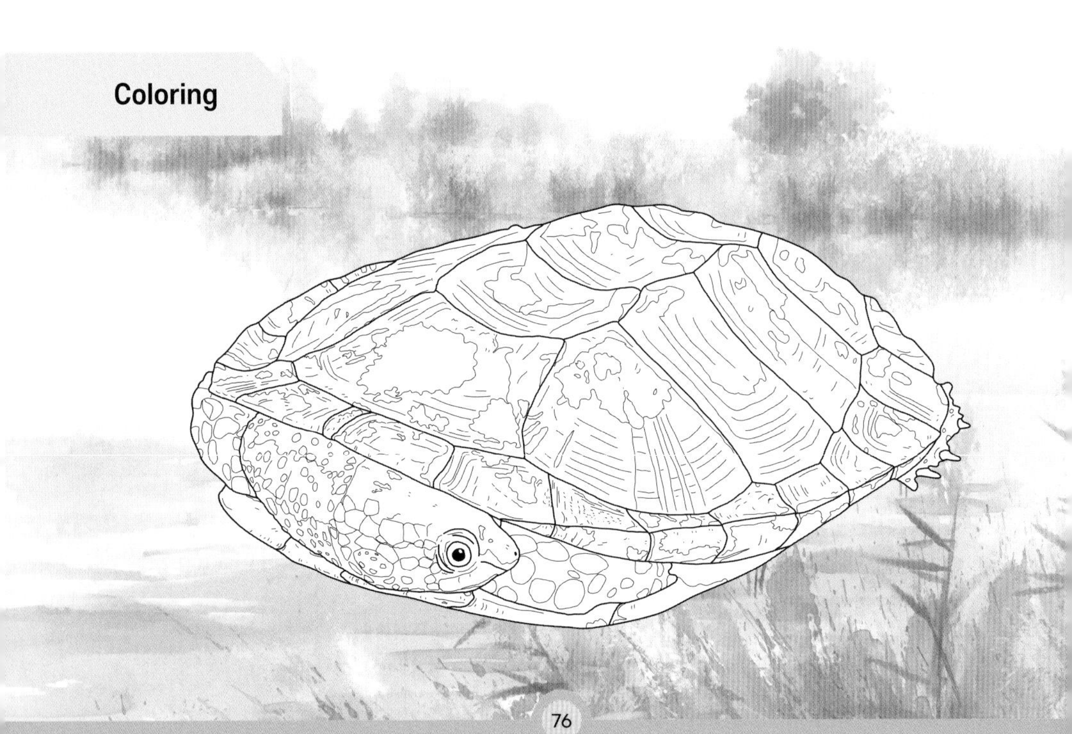

커먼 머스크 터틀

Common Musk Turtle

활동시기 ☀ 먹이

턱에 수염처럼 보이는 돌기가 있고, 다리를 거의 보호하지 못할 정도로 배딱지가 아주 작은 것이 특징인 소형 거북입니다. 스트레스나 공격을 받으며 입을 크게 벌리고 위협하며 겨드랑이 부분에서 악취를 풍기기 때문에 사향거북이라는 이름이 붙여졌습니다. 등딱지의 높이가 민물에 사는 다른 거북들에 비해 높아 다른 물거북처럼 수영을 잘하지 못하기 때문에 물살이 느린 곳을 좋아하며, 폐의 부피를 조절해서 부력을 조절하는 능력을 지니고 있습니다.

학 명 : *Sternotherus odoratus*
원산지 : 캐나다 남동부, 미국 동부 대부분
크 기 : 10~13㎝, 최대 15㎝
생 태 : 수초와 진흙이 많은 곳에서 생활. 육지에서 발견되는 경우도 자주 있음

커먼 머스크 터틀

Common Musk Turtle

Coloring

멕시칸 자이언트 머스크 터틀

Mexican Giant Musk Turtle

활동시기 먹이

사향거북 가운데서도 가장 크게 자라는 종입니다. 어릴 땐 전체적으로 검은색과 황갈색의 얼룩이 등딱지를 뒤덮고 있지만, 완전히 자라면 황갈색의 등딱지에 머리의 윗부분은 검은 얼룩을 가지게 됩니다. 타원형의 등딱지에 세 줄의 용골(Keel)을 가지고 있는데, 보통 다른 사향거북의 용골(Keel)이 다 자라면 무뎌지는 것과는 달리 이 종은 성체가 되어도 아주 뚜렷한 용골을 가지고 있습니다. 특이하게도 대부분의 거북이 온도에 따라 성별이 결정되는 것과 달리 이 종은 유전자로 성별이 결정됩니다.

학 명 : *Staurotypus triporcatus*
원산지 : 벨리즈, 과테말라 북동부, 온두라스 서부 및 멕시코
크 기 : 30~35㎝, 최대 38㎝
생 태 : 거의 물속에서 생활. 가끔 육지로 올라옴

멕시칸 자이언트 머스크 터틀

Mexican Giant Musk Turtle

Coloring

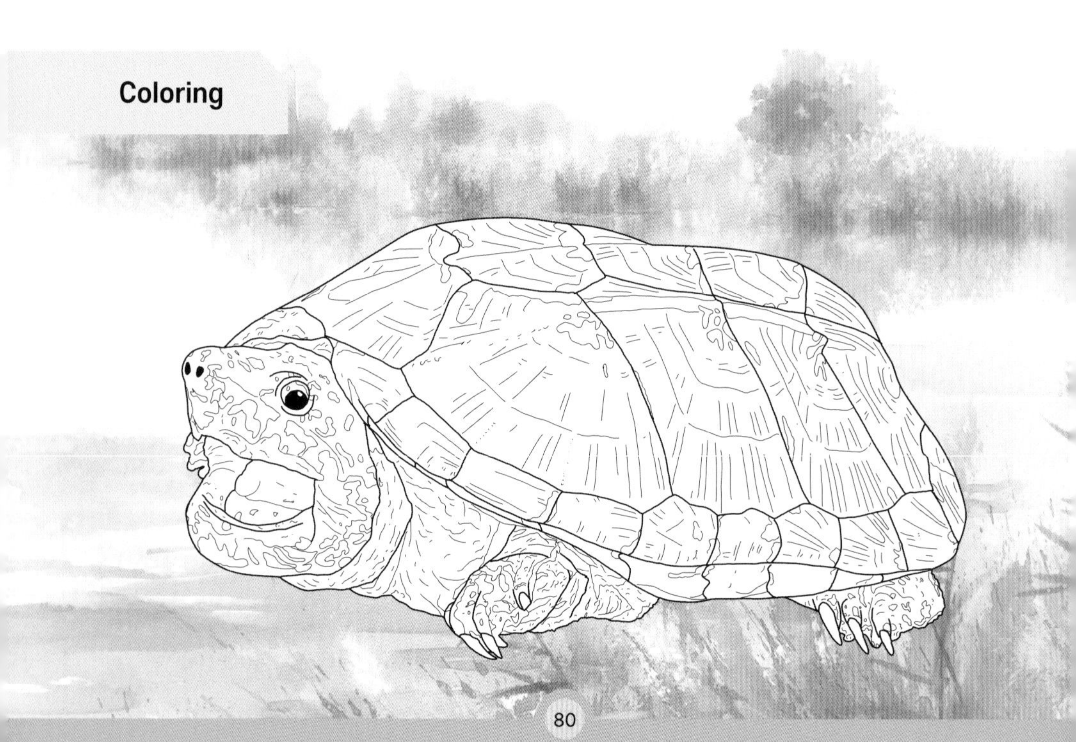

레이저백 머스크 터틀

Razorback Musk Turtle

Razorback(면도날 등)이라는 이름처럼 등딱지의 중앙이 심하게 뾰족하고, 경사가 급해서 앞에서 보면 마치 삿갓을 쓰고 있는 것처럼 보입니다. 어렸을 때는 등갑 중간과 양쪽에 모두 3개의 튀어나온 세로 용골이 있지만 성장하고 나면 가운데만 남아 높이 솟아오른 등딱지 형태로 변합니다. 등딱지와 피부에는 검정색의 줄무늬나 점무늬를 가지고 있습니다. 이 종은 다른 사향거북과는 달리 물 밖으로 나오는 일이 거의 없는데, 헤엄을 치기보다는 강이나 호수 바닥을 따라 걷는 것을 더 좋아합니다.

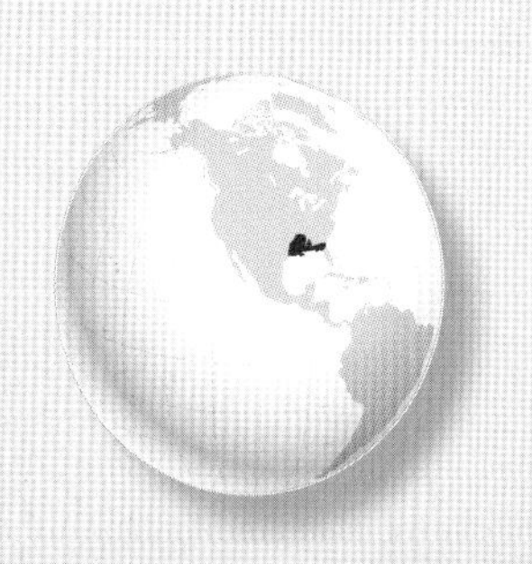

학　명 : *Sternotherus carinatus*
원산지 : 미국 남부의 앨라배마, 아칸소, 루이지애나, 미시시피, 오클라호마, 플로리다, 텍사스
크　기 : 10~15㎝, 최대 17.6㎝
생　태 : 부드러운 모래나 펄이 깔린 유속이 느린 강이나 호수, 늪에서 생활

레이저백 머스크 터틀

Razorback Musk Turtle

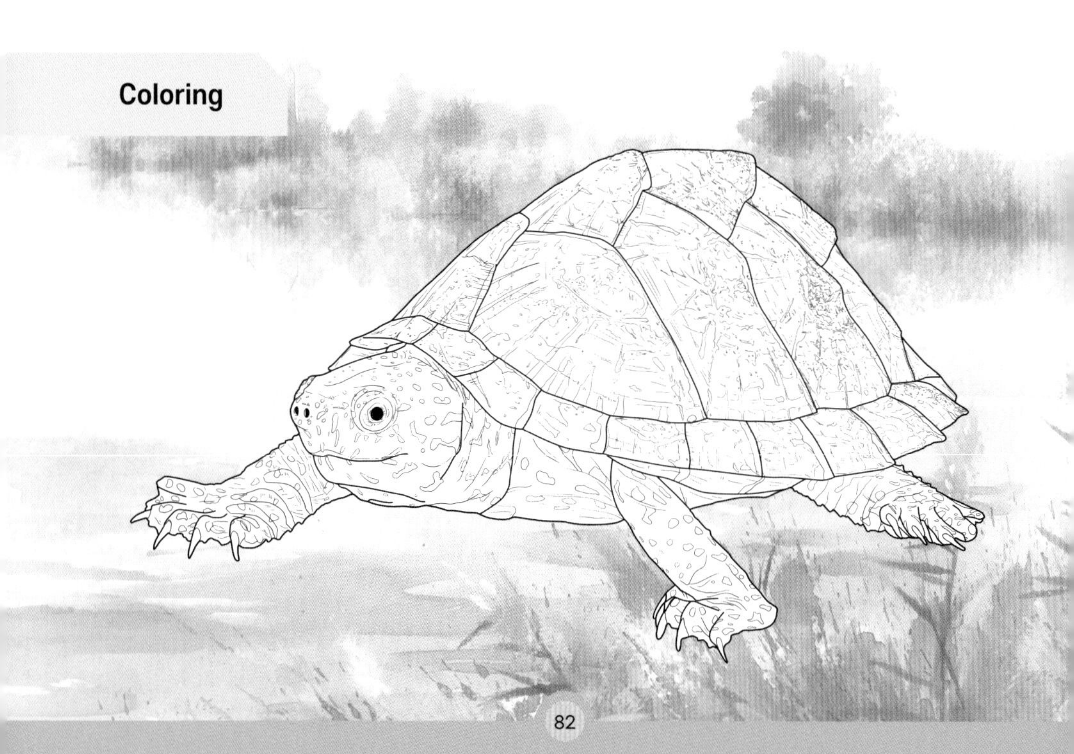

레드 이어드 슬라이더

Red-eared Slider

새끼 때 아름다운 녹색 등딱지와 마치 그린 것 같은 정교한 줄무늬를 보여 전 세계적으로 사랑받는 반려 거북입니다. 눈 뒤쪽의 붉은 무늬가 아름다운 종이지만 자라면서 점점 관리가 힘들고, 냄새가 난다는 이유로 버려지기도 합니다. 그러나 적응력이 뛰어나고, 큰 덩치에 일찍 성숙하며, 많은 알을 낳기 때문에 야생에서는 그 지역에 원래 서식하던 거북류와 경쟁하며 더 높은 생태적 지위를 차지하는 경우가 많습니다.

학　명 : *Trachemys scripta elegans*
원산지 : 미국 인디애나에서 뉴멕시코까지, 텍사스에서 멕시코만까지
크　기 : 20~25㎝, 최대 28㎝
생　태 : 물과 육지를 오가면서 생활

레드 이어드 슬라이더

Red-eared Slider

Coloring

맵 터틀

Map Turtle

활동시기 먹이

지도거북이라는 이름은 등딱지 각각의 비늘 줄무늬가 마치 지도의 등고선과 비슷하다는 데서 유래되었습니다. 어릴 때 비교적 선명했던 이 무늬는 자람에 따라 점차 희미해지는 경향이 있고, 아주 나이가 많은 개체는 등딱지가 젖었을 때만 관찰할 수 있습니다. 어릴 때는 등딱지 중앙에 짙은 색의 뚜렷한 용골을 가지고 있지만 자라면서 용골은 점차 완만해지고 검은 줄무늬만 남습니다. 특이하게 이 종은 산소가 많이 녹아 있는 물속에서 동면하고, 물에서 직접 산소를 흡수하기 때문에 숨을 쉬기 위해 표면으로 올라오지 않습니다.

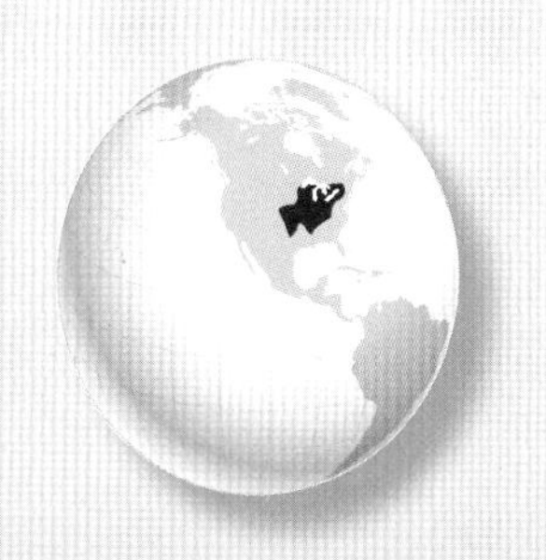

학　명 : *Graptemys geographica*
원산지 : 미국 북부 퀘벡, 온타리오, 세인트로렌스강 배수 유역, 버몬트 북부
크　기 : 11~24㎝, 최대 27㎝
생　태 : 호수나 연못보다는 강에서 더 자주 발견

맵 터틀

Map Turtle

Coloring

차이니즈 스트라이프 넥드 터틀

Chinese Stripe-necked Turtle

활동시기 ☀ **먹이**

등딱지에 있는 세 개의 용골(Keel) 때문에 생김새가 우리나라 토종 거북인 남생이와 비슷해 많이 혼동되고 있는 종입니다. 그러나 목 전체를 뒤덮고 있는 규칙적이고 빽빽한 줄무늬와 뒤집어 보았을 때 등딱지 가장자리의 둥근 나이테 무늬로 남생이와 구분할 수 있습니다. 유전적으로 가까운 종과 교잡이 쉽게 일어나고 있는 종이기도 한데, 중국에서 남생이와 교잡된 사례가 있어서 우리나라에서도 같은 이유로 생태계 교란 생물로 지정되어 현재는 점점 그 모습을 보기 어려워지고 있습니다.

학　명 : *Mauremys sinensis*
원산지 : 중국(하이난, 광둥, 푸젠), 대만, 베트남 북부 및 중부
크　기 : 수컷 20㎝ 전후, 암컷 25㎝ 전후
생　태 : 연못, 운하, 유속이 느린 강과 같은 저지대에서 생활

차이니즈 스트라이프 넥드 터틀

Chinese Stripe-necked Turtle

Coloring

페인티드 터틀

Painted Turtle

활동시기 ☀ **먹이**

페인티드 터틀(Painted Turtle)이란 이름은 '물감으로 칠해 놓은 듯 화려한 색의 거북'이란 뜻이며, 우리나라에서는 '비단거북'이라는 예쁜 이름을 가지고 있습니다. 이들은 북아메리카에 가장 널리 퍼져 있는 토종 거북으로, 새끼 거북은 겨울잠을 잘 때 세포가 얼어붙는 것을 방지하기 위해 포도당과 글리세롤을 만드는 특별한 능력을 지니고 있습니다. 또한 다 자란 개체는 한겨울 산소 농도가 낮은 연못 속에서도 신진대사율을 최대 99%까지 줄이면서 문제없이 겨울을 보낼 수 있습니다.

학 명 : *Chrysemys picta*
원산지 : 캐나다 남부에서 멕시코 북부, 대서양에서 태평양
크 기 : 11~20㎝, 최대 25㎝
생 태 : 호수, 하천, 습지 바닥의 진흙 속에서 생활

페인티드 터틀

Painted Turtle

스팟티드 터틀

Spotted Turtle

활동시기 먹이

주황색 피부에 매끄럽고 검은 바탕의 등딱지를 포함한 온몸에 선명하고 작은 노란 점무늬가 수없이 박혀 있는 점박이거북은 '가장 아름다운 물거북'이라는 평가를 받을 만큼 매력적인 종입니다. 이 노란 점들은 성장하면서 개수가 더 많아지거나 사라지기도 합니다. 특이하게 이 종은 턱 부분의 색과 눈동자로 암수를 구분할 수 있는데, 암컷은 턱이 노랗고 눈이 오렌지색이며, 수컷은 턱이 연갈색이나 황토색이고 갈색의 눈을 가지고 있습니다.

학 명 : *Clemmys guttata*
원산지 : 미국 메인, 플로리다, 인디애나, 오하이오, 캐나다 퀘벡, 온타리오
크 기 : 8~12㎝, 최대 14.3㎝
생 태 : 얕은 물을 선호하고 부드러운 진흙이 깔리고 수초가 풍부한 습지대에서 주로 생활

스팟티드 터틀

Spotted Turtle

Coloring

말레이안 스네일 이팅 터틀

Malayan Snail-eating Turtle

말레이 달팽이 먹는 거북은 이름처럼 커다란 머리와 강한 턱을 이용하여 주로 민물고둥이나 민물조개 등을 잡아먹으며 살고 있습니다. 이 종도 갈색의 등딱지에 세 줄의 용골(Keel)을 가지고 있어 남생이와 비슷하게 보입니다. 독특하고 아름다운 외형을 가졌지만, 달팽이나 조개를 주식으로 하는 특이한 식성 때문에 인공 사육이 쉽지 않은 종입니다. 자연 개체 수가 가장 많은 태국에서조차 불교 행사의 방생 목적으로 이용되면서 야생의 개체 수가 줄어들고 있습니다.

학　명 : *Malayemys macrocephala*
원산지 : 캄보디아, 미얀마, 말레이시아, 태국 등
크　기 : 15~16㎝, 최대 20㎝
생　태 : 물살이 느린 강이나 늪지, 부드러운 진흙이 쌓이고 물풀이 풍부한 환경에서 생활

말레이안 스네일 이팅 터틀

Malayan Snail-eating Turtle

Coloring

블랙 폰드 터틀

Black Pond Turtle

활동시기 ☾ **먹이**

검정 늪 거북은 '점박이 늪 거북(Spotted Pond Turtle)'으로도 불리며, 우리나라에서는 주로 학명을 딴 이름인 '해밀턴 거북'으로 불리고 있습니다. 어릴 때는 검은 몸에 흰색이나 흐린 노란 점이 전체적으로 퍼져 있고, 등딱지에 세 줄의 깊은 용골을 가진 상당히 독특한 생김새를 가지고 있어 세계에서 가장 아름다운 거북 가운데 하나로 평가받습니다. 야생에서는 심각한 멸종위기에 처해 있어 국제적으로 엄격하게 보호받고 있는 종이기도 합니다.

학　명 : *Geoclemys hamiltonii*
원산지 : 인도 북부의 인더스강과 갠지스강 유역
크　기 : 20~35㎝, 최대 39㎝
생　태 : 얕은 개울에서 생활

블랙 폰드 터틀

Black Pond Turtle

Coloring

차이니즈 폰드 터틀

Chinese Pond Turtle

활동시기 먹이

우리나라에서는 '남생이'로 불리고 있는 종입니다. 과거에는 논이나 산 밑의 웅덩이 등에서 흔히 볼 수 있었으나 서식지 파괴와 남획 등으로 그 개체 수가 급격하게 줄어서 이제는 환경이 잘 보존된 곳에서나 드물게 만날 수 있습니다. 성장함에 따라 수컷은 눈부터 시작해서 몸 전체가 검게 변하여 전혀 다른 종의 거북처럼 보이기도 합니다. 우리나라에서는 현재 천연기념물 제453호(2005.03.17. 지정)와 환경부 멸종위기 야생생물 II급으로 지정되어 보호받고 있습니다.

학 명 : *Mauremys reevesii*

원산지 : 중국, 한국(일본, 대만의 개체는 우리나라나 중국으로부터 유입된 것으로 알려져 있음)

크 기 : 수컷 15㎝ 전후, 암컷 25~30㎝

생 태 : 물과 육지를 오가면서 생활함

차이니즈 폰드 터틀

Chinese Pond Turtle

Coloring

유러피안 폰드 터틀

European Pond Turtle

유럽 늪 거북이는 올리브색, 갈색 혹은 검은색의 몸에 등딱지의 각 갑판마다 가는 빗살무늬 같은 노란색이나 흰색의 방사형 점무늬가 있습니다. 그러나 선명한 무늬를 가지고 있는 거북도 있지만 거의 무늬가 없는 거북도 있는 등 무늬는 개체마다 차이가 있습니다. 또한 이 종은 특이하게도 작은 무리를 이루어 생활하는 사회적 동물로 알려져 있습니다.

학 명 : *Emys orbicularis*
원산지 : 유럽 남부 및 중부, 아시아 서부, 아프리카 북부
크 기 : 13~23㎝
생 태 : 주로 물살이 잔잔한 강이나 호수, 늪 등지에 생활. 진흙이나 모래 같이 바닥이 부드러운 곳을 선호

유러피안 폰드 터틀

European Pond Turtle

Coloring

빅헤드 터틀

Big-headed Turtle

큰 머리 거북은 커다란 머리와 납작하고 평평한 등, 강력한 긴 꼬리가 특징인 종으로 머리가 너무 커서 등갑 안으로 숨겨 보호할 수 없는 대신 머리 위와 옆 부분이 갑옷처럼 딱딱하고 날카로운 부리를 가진 것이 특징입니다. 차갑고 깨끗한 물이 흐르는 계곡의 상류에 주로 사는데, 수영에는 그리 능숙하지 않지만 몸이 평평하고 발톱이 아주 날카로워서 계곡의 빠른 물살을 거슬러 오르고, 쉽게 바위를 타고 올라갈 수 있습니다. 강한 발톱과 꼬리, 그리고 부리까지 이용해 수직의 나무나 덤불을 타고 올라갈 수도 있는 뛰어난 등반가입니다.

학　명 : *Platysternon megacephalum*
원산지 : 캄보디아, 중국, 라오스, 미얀마, 태국, 베트남
크　기 : 18~23㎝, 최대 24.2㎝
생　태 : 바위가 많은 지역의 빠르게 흐르는 시냇물과 폭포에서 주로 생활

빅헤드 터틀

Big-headed Turtle

옐로 스팟티드 리버 터틀

Yellow-spotted River Turtle

활동시기 먹이

노랑 점 강 거북은 남미에 서식하는 거북 중 가장 크게 자라는 종 가운데 하나로 머리 부분에 전체적으로 분포된 선명한 노란색의 점박이 무늬가 다른 거북과 구분되는 대표적 특징입니다. 이 노란 점은 눈과 코 사이, 눈 뒤, 머리 윗부분에 두 개, 그리고 귀 윗부분에 보입니다. 그러나 아쉽게도 어릴 때는 선명한 이 노란 무늬는 자라면서 점점 사라지며, 몸의 색깔도 점점 짙어집니다.

학 명 : *Podocnemis unifilis*
원산지 : 아마존강과 오리노코강 유역 전체
크 기 : 40~45㎝, 최대 68㎝
생 태 : 홍수 동안 범람된 숲이나 범람원 호수 주변에서 생활

옐로 스팟티드 리버 터틀

Yellow-spotted River Turtle

Coloring

다이아몬드백 테라핀

Diamondback Terrapin

활동시기 먹이

다이아몬드백 테라핀은 이름처럼 등딱지의 비늘에 동심원의 다이아몬드 표시와 홈을 가지고 있는 거북입니다. 이들은 사회적 동물로 낮 동안 무리와 함께 일광욕을 즐기는 모습을 자주 볼 수 있습니다. 다른 민물거북과 달리 염도가 높은 민물과 바닷물이 만나는 기수지역을 좋아하는데, 이들이 가진 커다란 물갈퀴와 근육질의 다리는 매일 물높이의 변화와 강한 해류가 있는 환경에서 생존하는 데 도움이 됩니다. 또한 바다거북처럼 소금 눈물을 몸 밖으로 내보내는 눈물샘을 가지고 있지만, 탈수를 피하기 위해 정기적으로 민물을 접해야 합니다.

학 명 : *Malaclemys terrapin*
원산지 : 미국 대서양과 걸프 연안의 매우 좁은 기수 연안 해역
크 기 : 11~23㎝, 최대 23.8㎝
생 태 : 물과 육지를 오가며 생활. 염도가 높은 기수지역을 선호

다이아몬드백 테라핀

Diamondback Terrapin

Coloring

피그 노우즈드 터틀

Pig-nosed Turtle

활동시기 ☀ **먹이**

등딱지가 자라처럼 가죽으로 덮여 있고 뾰족한 코를 가지고 있지만, 자라처럼 피부 아래 평평하고 유연한 판이 아니라 거북처럼 돔 형태의 딱딱한 뼈로 된 등딱지를 가지고 있는 특이한 거북입니다. 이 종은 거북과 자라의 특징을 모두 가지고 있는 유일한 종이기 때문에 '돼지코 거북' 혹은 '돼지코 자라' 두 가지 이름으로 모두 불리고 있습니다. 민물에 살지만 바다거북의 지느러미 같은 모양의 발을 가진 유일한 거북이기도 합니다.

학　명 : *Carettochelys insculpta*
원산지 : 호주 북부 및 뉴기니 남부
크　기 : 40~50㎝, 최대 56.3㎝
생　태 : 염도가 높은 기수지역에서 생활

피그 노우즈드 터틀

Pig-nosed Turtle

Coloring

차이니즈 소프트쉘 터틀

Chinese Softshell Turtle

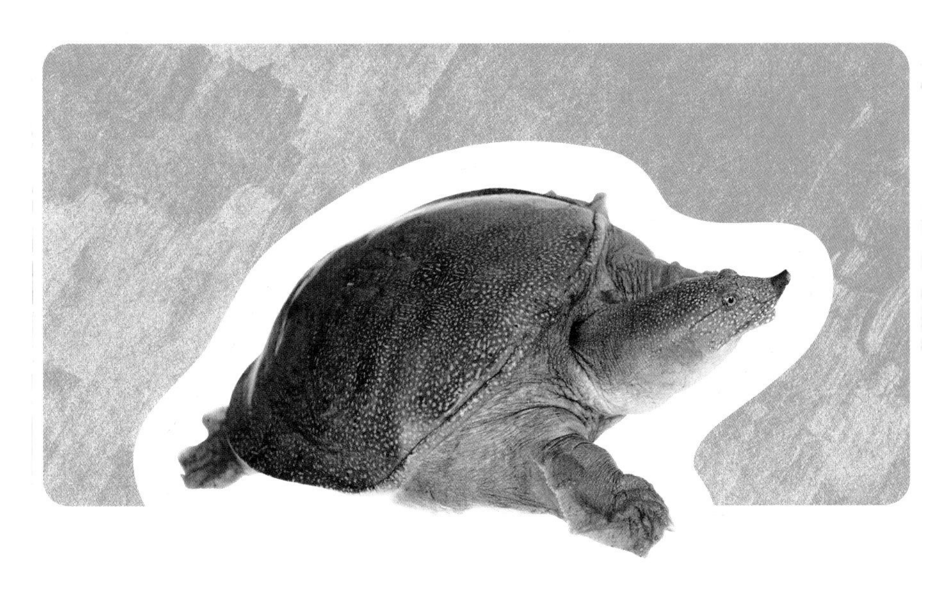

활동시기 **먹이**    

'중국 자라' 혹은 '아시아 자라'라고 불리는 이 종은 국내에서도 서식하는 종입니다. 우리나라 강이나 하천, 호수 등에서 종종 목격되기도 하지만, 겁이 많고 소심하며, 행동이 빨라 통발에 우연히 잡히는 것을 제외하고 실제로 잡히는 경우는 드뭅니다. 우리나라에서는 서식지 파괴와 환경오염으로 개체 수가 현저히 줄어들고 있어 야생 개체의 포획이 엄격히 금지되고 있습니다. 우리나라를 포함한 여러 나라에서 인공증식이 활발히 이루어지고 있습니다.

학　명 : *Pelodiscus sinensis*

원산지 : 중국, 대만

크　기 : 30~35㎝

생　태 : 물속에서 주로 생활. 가끔 일광욕을 하기 위해 육지로 나옴

차이니즈 소프트쉘 터틀

Chinese Softshell Turtle

Coloring

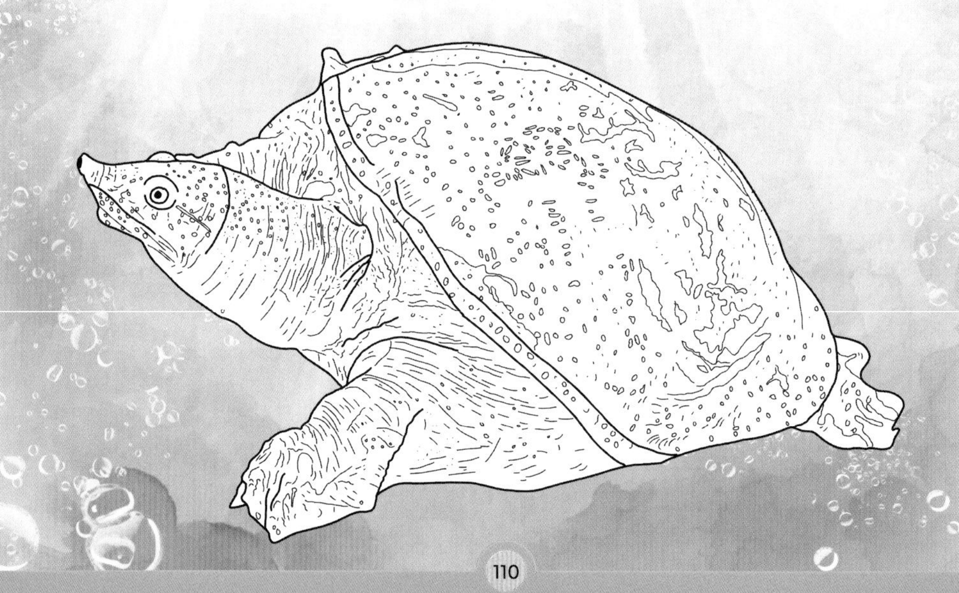